전염병과 팬데믹

전염병과 팬데믹

김성호 글 | 이창우 그림

이론과 실천

전염병과 팬데믹

인쇄일 2021년 7월 1일
출간일 2021년 7월 9일

글쓴이 김성호
그린이 이창우

펴낸이 최금옥
편 집 이지안
디자인 남철우

펴낸곳 이론과실천
등록 제10-1291호
(07207) 서울시 영등포구 양평로 21가길 19 우림라이온스밸리 B동 512호
전화 02-714-9800 │ 팩스 02-702-6655

ISBN 978-89-313-6076-9(43400)

특정 전염병이 급속히 퍼져 나가는 현상을 팬데믹이라고 해요. 제한된 지역 안에서만 발병하는 유행병과 달리 팬데믹은 두 개 대륙 이상의 매우 넓은 지역에 걸쳐 발병하지요. 1948년에 세계보건기구(WHO)가 설립된 뒤 공식적으로 선언된 팬데믹만 세 번이에요. 1968년에 홍콩독감, 2009년에 신종플루, 그리고 2020년에 발병한 코로나 바이러스가 그것이죠.

과거에도 팬데믹은 있었어요. 중세 유럽 인구의 60퍼센트를 죽음으로 몰고 간 페스트가 그랬고, 1차 대전 중에 2500만 명이 사망한 스페인독감이 그러했으며, 40년 동안 3000만 명 이상이 목숨을 잃은 에이즈가 그랬어요. 세계 감염 전문가들은 1세기에 평균 3번 이상의 팬데믹이 발생한다고 주장해요. 그들의 주장이 맞다면 코로나 바이러스가 종식되어도 80년 안에 이와 같은 팬데믹이 두 번 더 있을 거라는 얘기죠.

그렇다면 전염병은 왜 발생하는 걸까요? 달에도 가고, 사막에 비를 내리게도 하고, 인공지능 컴퓨터도 만들 수 있는 시대인데 왜 전염병은 퇴치하지 못하는 걸까요? 물론 그동안 인류는 전염병에 대항하기 위해 항생제와 백신을 개발했고, 전염병을 집단적이고 체계적으로 관리하는 공중보건이라는 훌륭한 시스템도 고안해냈어요. 하지만 병원체는 마르지 않는 샘물처럼 계속해서 나타나고 있어요.

전문가들은 그 이유로 크게 환경파괴와 위생문제를 꼽아요. 사스와 코로나19(박쥐), 메르스(낙타), 에이즈(아프리카 원숭이), 홍역(소)에서 알 수 있듯, 최근 인류를 위협하는 병원체의 대부분은 바이러스성 전염병이에요. 바이러스는 살아 있는 세포에 기생하는 미생물이에요. 인간 사회와 야생동물의 영역권이 구별되었던 시절에는 별 문제가 없었지만 인간이 개발이라는 명목으로 나무를 베어내고, 삼림을 걷어내면서 인류는 야생동물과 접촉하게 되었고, 심지어 그들을 식량으로 먹으면서 야생동물의 체내에서 기생하던 바이러스가 인간을 제2의 숙주로 갈아 탔어요.

위생문제도 여전히 심각해요. 아직도 세계 곳곳에는 변변한 화장실과 깨끗한 상하수도 시설을 갖추지 못한 데가 많이 있어요. 또한 불결한 도축 현장과 인간의 배설물로 오염된 강과 호수와 토양, 이것을 더욱 부추기는 밀집식 축산 시설, 세균과 바이러스가 득실대는 분뇨를 거름으로 쓰는 농사법 등도 위협요인이에요. 인간이 만들어낸 이런 환경들로 인해 질병은 수시로 생겨났고, 거주 인구가 밀집된 도시화로 전파 범위는 점점 넓어지고 전파 속도도 빨라졌어요. 인류가 이룩한 문명사회는 사실 병원체의 배양실이었던 셈이에요. 이런 의미에서 본다면 전염병은 인류의 어두운 자화상이라고 할 수 있어요.

하지만 문제점을 깨닫는다면 해결책도 찾을 수 있지 않을까요? 환경을 보존하고 축산물 도살 과정과 유통을 엄격하게 규제하고, 수질 자원을 청결하게 유지하는 노력들. 아직 늦지 않았지만 더 늦어져서는 곤란해요. 지금껏 인류의 과학기술로 밝혀낸 병원체는 10퍼센트에 불과하거든요.

전염병을 다루는 책에는 어쩔 수 없이 다양하고 어려운 생물학적 용어와 전문적인 표현이 많이 등장해요. 이 책에서는 가급적 그런 딱딱한 서술을 줄이고 재미있는 역사적인 사례와 사건을 위주로 기술했어요. 전염병을 이해하는 데 조금이라도 도움이 되기를 바랍니다.

코로나 종식을 기다리며

김성호

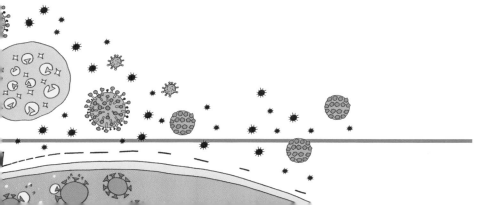

7장 환경파괴와 전염병

1장

팬데믹과 전염병

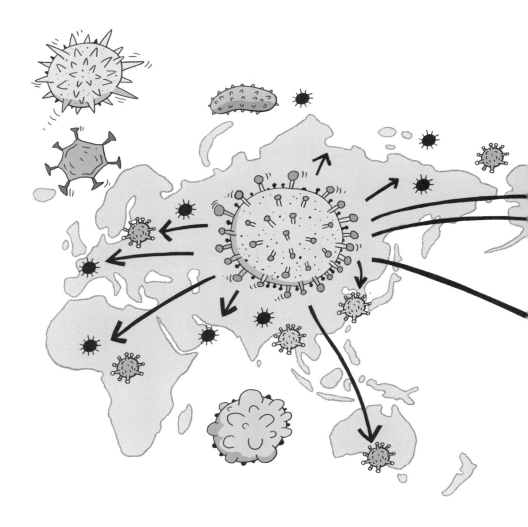

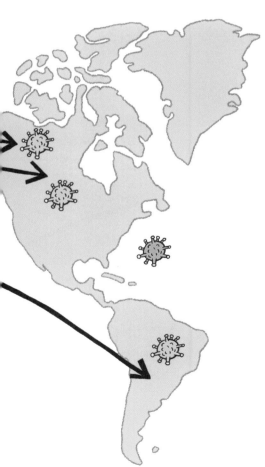

바이러스,
인간의 삶을 위협하다!

팬데믹과 뒷북치는 WHO

> 코로나 바이러스가 서울, 도쿄, 홍콩, 마카오 등으로 확산될 가능성
> 이 있다.　　　　　　　　　　　　　　　_블루닷, 2019년 12월 31일.

　블루닷(BlueDot)은 국제 언론보도와 정부 발표문, 해충, 항공 데이
터, 실시간 기후 등의 방대한 데이터를 인공지능으로 분석해 질병 발
생 가능성과 위험지역을 알려주는 회사예요.

　블루닷이 코로나 바이러스의 확산 가능성을 보도하자 사람들은 뭐
어쩌라고? 하는 반응을 보였어요. 중국에서 이상한 전염병이 발발했다
는 뉴스는 들었지만 그저 가벼운 폐렴 정도로 생각했지요. 세계보건기
구(WHO)조차 웬 호들갑? 하며 여유 있는 태도를 보였으니까요.

　그러나 상황은 자꾸만 악화되어 갔어요. 하루가 멀다 하고 확진자
가 급속도로 늘고 있다는 소식이 들려왔지요. 돌아가는 상황이 예사
롭지 않자 2020년 1월 6일, 미국의 질병통제예방센터(CDC)는 바이러

스 확산을 경고했어요. 이어서 두 달 뒤인 3월 11일, WHO는 팬데믹(세계적 대유행)을 선언했어요. 이미 121개 국가에서 12만 명이 넘는 감염자와 4천 명 이상의 사망자가 발생한 뒤였죠.

팬데믹(Pandemic)은 그리스어로 '모든 사람'이라는 뜻이에요. WHO는 두 개 이상의 대륙으로 전염병이 퍼져나갈 때 팬데믹을 선언해요.

지금껏 팬데믹이 선언된 전염병은 1968년 홍콩독감, 2009년 신종플루, 그리고 2020년 코로나19예요. 팬데믹을 선언하는 WHO가 1948년에 설립되었기 때문이에요. 당연히 그 전에도 팬데믹은 존재했어요. 오히려 의학과 기술이 변변찮은 시절이라 피해 규모와 유행 기간은 지금의 팬데믹과는 비교도 안 될만큼 대단했어요.

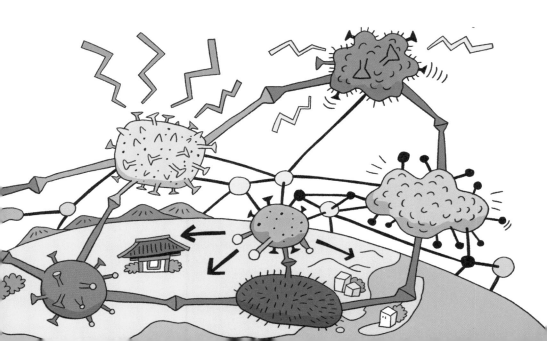

팬데믹이 선언되었다고 해서 뭐가 특별히 달라지는 건 아니에요. 현재 우리는 수많은 정보가 생산되고 빠르게 확산되는 글로벌 시대에 살고 있어요. 블루닷이나 구글(Google) 등의 기업은 빅데이터로 분석해 전염병 확산을 예고해요. 시민들은 SNS와 인터넷, 국제 뉴스를 통해 문제의 심각성을 알게 되죠. 그쯤 되면 정부는 이미 방역 준비에 들어간 상태예요.

WHO가 코로나를 팬데믹으로 선언한 시기는 좀 과장해서 이야기하면, 건물에 불이 나서 사람들이 다 빠져나왔는데, '화재 발생!' 하며 뒷북으로 안내방송을 한 셈이에요. 중국 우한에서 발생한 코로나 바이러스가 급속히 확산될 때도 WHO는 늑장을 부려 큰 비난을 받았어요. 팬데믹을 공식적으로 승인했다는 상징적인 의미 말고는 국제전문기구로서 이렇다 하는 역할을 못한 거죠.

팬데믹의 조건

전염병이라고 해서 다 위험한 것은 아니에요. 감염된다고 모두 전염병인 것도 아니고요. 파상풍은 녹슨 못 따위에 찔려서 목숨까지 잃는 무서운 질병이지만 전염성은 없어요. 무좀은 전염성이 대단히 높아 전세계 인구의 15퍼센트(약 11억 명)가 미칠 듯이 가려운 이 질환으로 끙끙대지만 그렇다고 무좀을 팬데믹이라고 하지는 않아요.

감염 속도가 매우 빠르고, 걸리면 목숨까지 잃을 정도로 치명적인데도 신종 질병이라 아직 사람들에게 면역이 없고 변변한 백신이나 치료약도 없는 상태, 팬데믹은 이런 조건들 속에서 형성되어요. 1976년 아프리카 콩고 에볼라 강에서 발견된 에볼라 바이러스는 한때 90퍼센트에 가까운 치사율로 악명을 떨쳤어요.

홍역은 전염성이 대단히 높아요. 감염자 1명이 전파시키는 사람 수는 약 12~18명인데, 이를 '전염 계수'라고 해요. 코로나 바이러스의 전염 계수는 2~3명 정도예요.

에볼라 바이러스나 홍역도 팬데믹까지는 이르지 못했어요. 에볼라

팬데믹은 전염병이 전 세계적으로 유행하는 현상으로, 감염 속도가 매우 빠르고 걸리면 목숨까지 잃을 정도로 치명적이지만 신종 질병이라 사람들에게 면역도 없고, 변변한 백신이나 치료약도 없는 상태를 말한다.

바이러스는 치사율이 높은 대신 전염력이 약하고, 홍역은 전염력은 강한데 치사율은 또 낮아요. 게다가 홍역은 백신이 개발된 상태여서 접종만 잘 맞으면 큰 문제가 없기 때문이지요.

과거에는 어떤 팬데믹이 있었을까?

1347년, 유럽 원정에 나선 몽고 군은 우크라이나 성을 공격하면서 페스트로 사망한 시체를 투석기에 실어 날려 보냈어요. 성 안의 병사와 주민들을 페스트에 걸리게 할 목적이었지요. 중세의 세균전이었던 셈이에요.

페스트는 인류 최초의 팬데믹이라 불리는 전염병이에요. 쥐의 몸에 달라붙은 벼룩이 옮기는 이 병은 감염된 사람의 피부가 검게 변한다고 해서 '흑사병'으로도 불렸어요. 중앙아시아에서 창궐해 유럽으로 전파된 것으로 추측되는 이 전염병으로 14세기 유럽 인구의 30퍼센트 이상, 7500만 명이 사망했어요.

'전염병의 제왕'이라는 으스스한 별명을 갖고 있는 천연두는 치사율이 무려 30퍼센트가 넘어요. 운 좋게 살아남은 사람도 얼굴에 흉터 자국이 남아 모습이 흉하게 변했어요. 영국 엘리자베스 여왕, 로마제국 황제 마르쿠스 아우렐리우스, 청나라 강희제, 다산 정약용도 이 병에 감염되었어요. 지금껏 천연두로 사망한 사람은 5억 명이 넘어요.

천연두는 천연두 바이러스가 일으키는 급성 전염병으로. 열이 몹시 나고 온몸에 발진이 생겨 딱지가 저절로 떨어지기 전에 긁으면 얽게 된다. 전염력이 매우 강하고 사망률도 높았으나, 예방접종으로 인해 지금은 연구용으로만 남아 있다.

1차 세계대전 중에 최악의 독감으로 불리는 '스페인독감'이 발생했어요. 이름만 들으면 스페인에서 시작된 것 같지만 시작은 미국이었어요. 유럽에 파병된 미국 군인들이 퍼뜨린 독감에 의해 교전 사망자보다 독감 사망자가 더 많았어요. 각국은 이런 처참한 사실을 비밀에 붙였지만 스페인만은 이 사실을 보도했어요. 스페인은 1차 대전에 참가하지 않은 '중립국'이었고, 스페인 국왕도 감염되었거든요.

스페인으로서는 좀 억울하게 되었지만, 어쨌든 스페인을 통해 세상에 알려졌다 해서 그런 이름이 붙었어요. 당시 세계 인구 16억 명 가운데 6억 명 이상이 스페인독감에 감염되었고, 그 가운데 5천만 명 이상이 사망했어요.

역학조사와 콜레라

　팬데믹 상황에서 새로운 확진자가 발생하면, 한국 질병대책본부는 그 사람의 개인 정보 일부와 CCTV, 신용카드 사용 조회, 탐문 등을 통해 감염자가 이동한 동선, 접촉자 등을 공개해요. 이것을 '역학조사'라고 해요. '역'은 전염병을 뜻하는 한자로, 면역, 방역, 구제역의 그 '역'이에요. 우리 조상들은 전염병을 돌림병 혹은 역병이라고 했어요.

　역학조사를 처음 도입한 사람은 19세기 영국의 존 스노우(1813~1858, 질병 역학조사의 선구자)예요.

　19세기 중반, 영국의 수도 런던에서는 콜레라로 무려 10만 명이나 사망한 일이 일어났어요. 콜레라는 '비브리오 콜레라' 세균이 옮기는 전염병이지만 세균이 발견되기 전이라 다들 속수무책이었어요.

　'분명 원인이 있을 거야!'

　존 스노우는 노련한 탐정처럼 이 병을 추적하기 시작했어요.

"어디 보자."

스노우는 런던 지도를 펼쳐놓고 감염자가 발생한 구역에 표시했어
요. 감염자가 집중적으로 발생한 마을이 있다면 그곳에 감염원이 있
지 않을까 생각했지요.

그러나 예측은 보기 좋게 빗나갔어요. 감염자들의 거주지는 한 곳
이 아니라 여기저기 산만하게 퍼져서 분포되어 있었어요.

"이래서는 안 되겠다."

스노우는 발로 뛰어다니며 감염자들을 직접 찾아다녔어요.

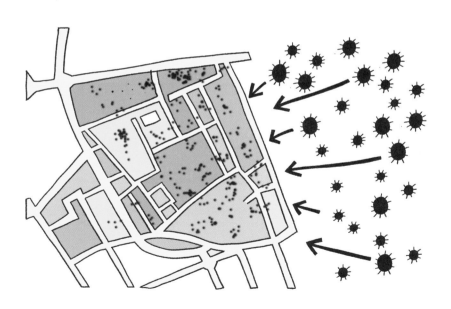

얼마 뒤 스노우는 감염자들 상당수가 소호라는 마을의 물을 사용하고 있다는 사실을 발견했어요.

스노우는 서둘러 그 마을로 갔어요.

탐문 결과, 어떤 아기 엄마가 콜레라에 걸린 아기의 기저귀를 공동 펌프에 버렸다는 사실을 알아냈어요. 그 기저귀가 지하수를 오염시켰던 거예요.

콜레라는 물을 매개로 감염되는 수인성 전염병이에요. 원래 인도 벵골 지방의 풍토병이었어요. 그런데 어떻게 멀리 떨어져 있는 영국에까지 전파되었냐고요? 그것은 19세기 영국이 인도를 식민지로 만들면서 시작됐어요. 인도를 방문하고 돌아간 영국인들에 의해 급속도로 퍼져 나갔던 거죠.

당시 존 스노우가 콜레라를 추적하면서 작성한 지도에는 날짜별 발병자 숫자, 사망자 숫자와 장소, 지하수용 펌프 위치가 꼼꼼하게 표시되어 있어요. 오늘날 역학조사에서 사용되는 '감염 지도'의 시작이에요. 지금은 데이터와 컴퓨터를 이용한 디지털 방식으로 바뀌었지만 그 아이디어와 토대를 제공한 사람은 존 스노우였어요.

바이러스 감염을 확인하는 PCR 검사

PCR 검사는 바이러스 검사 외에도 다양하게 사용되고 있어요. 미제 사건의 범인을 찾을 때, 내 자식이 맞는지 친자 확인을 할 때 실시하는 유전자(DNA) 검사도 PCR 검사예요.

PCR 검사의 핵심은 우리 몸의 유전자, DNA예요. 방법은 다음과 같아요.

먼저, 사람의 코나 입의 점막에서 분비물을 채취해요. 감염자라면 그 분비물에 바이러스 유전자가 들어 있기 때문이지요. 하지만 채취한 양이 너무 적으면 정밀한 검사가 이뤄지기 어려워요. 이럴 경우 유전자를 대량으로 마구 찍어내는 작업이 필요한데 이 과정을 '유전자 증폭'이라고 해요.

그런데 유전자(DNA)를 어떻게 마구 찍어낸다는 걸까요?

DNA는 이중 나선형 구조예요. 쉽게 말해 두 개가 한 세트로 연결되어 있다고 보면 돼요. DNA에 90도 정도의 높은 열을 가하면, 두 개로 분리돼요. 이 각각의 유전자에 중합효소라는 것을 주입하면, 다시 두 배로 늘어나요. 2개가 4개가 된 거예요. 이런 식으로 20번 반복하면 무려 100만 개가 넘어가요.

문제는, 코로나 바이러스 유전자는 DNA가 아니라 RNA라는 거예요. DNA는 이중 나선 구조지만, RNA는 한 가닥이에요. 게다가 PCR 검사는 DNA만 가능해요. 다행히 RNA와 DNA는 마치 거울을 마주 보는 것 같은 구조로 되어 있어서 RNA를 DNA로 슬쩍 바꿔주면 돼요. 그런 후 위의 방법으로 유전자 숫자를 마구 늘리는 거죠. 이것을 RT-PCR, 좀 어려운 말로 '역전사 PCR' 이라고 해요. 코로나 바이러스는 모두 RT-PCR 방식으로 검사해요.

또 다른 바이러스 검사 방법으로 항원. 항체 검사도 있어요. 그러나 이 검사는 결과는 빠른데 정확도가 떨어지는 단점이 있어요. 우리 정부는 시간은 좀 걸려도 정확도가 가장 높은 PCR 검사를 채택하고 있어요.

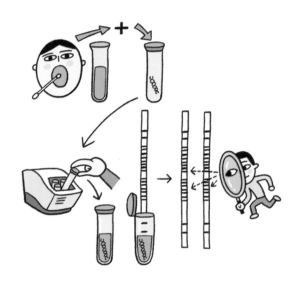

2장

세균과 바이러스

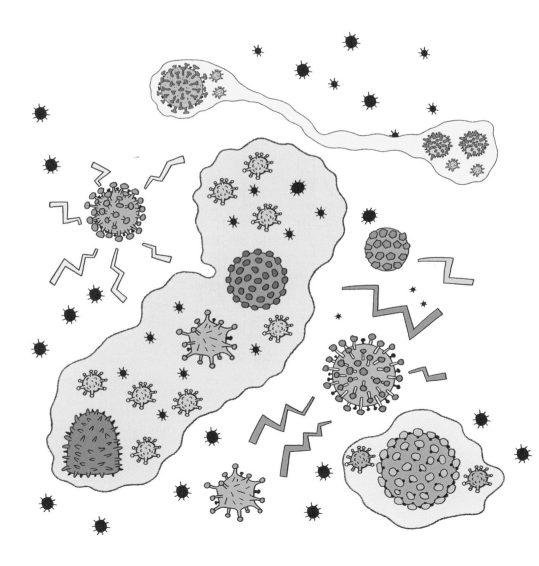

인류를 괴롭히는 **전염병**을 일으키는 것은

주로 **바이러스와 세균**이다.

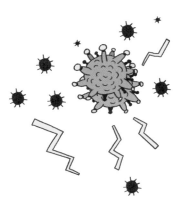

바이러스와 세균의 차이

　코로나19가 발생하고 약 한 달 뒤, 코로나 바이러스 감염자가 탄 여객선 한 척이 일본 요코하마 항에 정박했어요.

　그런데 일본 정부는 사람들을 배에서 내리지도 못하게 하고 코로나 검사에 들어갔어요. 문제는 승객의 수가 3700명이나 되는데 일본은 코로나 검사 후진국이라는 사실이었어요.

　그렇게 하루하루 시간만 낭비하다가 멀쩡한 사람까지 코로나에 감

나는야, 세균 잡는 호빵맨!

염되기에 이르렀어요. 호화 여객선이 하루아침에 바다 위에 둥둥 떠 있는 거대한 전염병 배양소가 되어버린 거예요..

며칠 후, 몇 척의 배가 여객선 주변으로 다가왔어요. 그들은 여객선까지 들리도록 〈호빵맨〉의 주제가를 크게 틀었어요. 호빵맨은 사람들을 괴롭히는 못된 세균맨을 물리치는 일본 애니메이션이에요. 지친 승객들에게 용기를 북돋아주려는 좋은 의도였겠지만 어딘가 핀트가 맞지 않아요. 안타깝지만 세균맨을 물리치는 호빵맨도 코로나는 물리칠 수 없었어요. 코로나는 세균이 아니라 바이러스이기 때문이죠.

상처에 바르는 연고, 안약, 이런 약에는 세균을 억제하거나 죽이는 성분이 들어 있어요. 바로 항생제예요. 즉, 호빵맨은 일종의 항생제였던 거예요. 항생제는 세균은 잘 때려잡지만 바이러스 앞에서는 무기력해요. 감기 환자에게 무좀약을 처방하는 것과 다르지 않아요. 세균과 바이러스는 완전히 다른 존재거든요.

전염병을 일으키는 원흉은 눈에 보이지 않는 미생물이에요. 다른 말로 병원체라고 하는데, 세균, 바이러스, 기생충이라 불리는 원생생물, 곰팡이 등이 있어요. 여기서 가장 위험한 녀석들은 세균과 바이러스예요. 인류를 괴롭힌 굵직굵직한 전염병의 목록만 봐도 그걸 알 수 있어요.

세균성 전염병- 콜레라, 페스트. 폐렴, 결핵, 장티푸스

바이러스성 전염병- 천연두, 스페인독감, 에이즈, 코로나19, 메르스, 사스

　사실상 세균과 바이러스가 전염병을 일으키는 주 요인이고, 바이러스의 점유율이 훨씬 높아요. 세균은 영어로 박테리아(bacteria)라고도 불리는 단세포 생물이에요. 바이러스는 세균보다 훨씬 작은데 평균 1/100에서 1/1000 크기예요. 사람을 축구 경기장이라고 한다면, 박테리아는 축구공, 바이러스는 축구공 겉면의 조각 하나 크기에 불과해요.

　"어? 뭐 이런 게 다 있지?"

　바이러스를 발견한 생물학자들은 고개를 갸웃거렸어요,

　'모든 생명체의 기본 단위는 세포다!'

　이것이 생물학자들이 내린 생명체의 정의였어요. 그런데 아무리 눈 씻고 현미경을 들여다봐도 바이러스에는 세포 따위가 없었어요.

　우리 몸의 내장에 기생하는 세균은 음식물 찌꺼기를 맛있게 먹어 치우고 그 힘으로 번식을 해요. 바이러스는 먹지도 않아요. 그런데 또 번식은 해요. 과학자들이 믿는 생명체의 상식을 무너뜨리는 별종이 출현한 거예요.

"넌 대체 누구냐?"

생물학자들은 혼란에 빠졌어요.

바이러스는 왜 세포만 공격할까?

할리우드 영화 〈에일리언〉은 외계 괴물과 인간의 사투를 다루고 있어요.

영화는 외계광물채집 및 수송 임무를 띠고 은하계 밖을 운항 중인 주인공과 그 일행이 우연히 미개발된 혹성에서 발신되는 생명체의 신호를 포착하고 그곳에 착륙하여 탐사를 벌이면서 시작돼요. 그들은 그곳에서 외계인 우주선을 발견하고 그 안에 깨끗한 상태로 보존되어 있는 알을 보게 되죠. 하지만 대원 가운데 한 명이 그 알에서 튀어나온 정체불명의 생명체에게 당하게 되고, 그 생명체는 대원의 몸 속에 알을 낳아요. 그리고 얼마 안 있어 그 대원의 가슴을 뚫고 에일리언이 튀어나와 남은 대원들을 위협하지요.

바이러스의 번식 방식은 영화 속 에일리언과 매우 닮았어요. 바이러스 역시 스스로 번식을 못해 숙주를 필요로 하거든요.

바이러스는 오직 세포만 노려요. 왜 하필 세포냐고요? 그것은 바이러스의 구조와 관련 있어요. 바이러스는 구조가 매우 단순해요. 단백

질 껍데기에 유전물질(DNA 또는 RNA)*
이 한 가닥 들어 있어요. 세포가 없으
니 스스로 번식이 불가능하죠.

가질 수 없다면 뺏어라!

바이러스는 세포를 침공해 그곳을
식민지 겸 생산기지로 삼아요. 그리고
세포에게 명령을 내려 유전물질과 단
백질을 만들게 해요. 세포가 만들어서
바친 그 두 개를 대충 주물러 섞으면
새로운 바이러스들이 탄생해요. 한두

DNA와 RNA의 차이

DNA는 두 가닥이 가운데 축을 중심으
로 오른쪽 방향으로 감겨서 형성하는
이중 나선 모양으로 되어 있어요. 반면
RNA는 한 가닥이에요. 그래서 DNA가
RNA보다 훨씬 튼튼하고 안정적이에
요. 안정적이라는 것은 세포 분열을 할
때, 돌연변이가 일어날 확률이 그만큼
낮다는 뜻이에요. 반면 RNA는 한 가닥
으로 된 불안정한 구조여서 돌연변이
가 빈번히 일어나요. 그래서 RNA 바이
러스는 변종이 너무 많아 치료약과 백
신 개발이 쉽지 않아요. 코로나 바이러
스가 RNA 바이러스예요.

개가 아니에요. 하나의 세포에서 순식간에 수십, 수만 개의 바이러스
들이 만들어져요.

목적을 달성한 바이러스 백만 대군은 세포를 뚫고 나와요. 에일리
언이 인간의 몸을 찢고 나오듯 말이에요. 그리고 지체 없이 싱싱한 이
웃 세포들을 차례차례 점령해요.

실제로 B형 간염 바이러스는
간세포를, 코로나 바이러스
는 호흡기세포를 닥치는

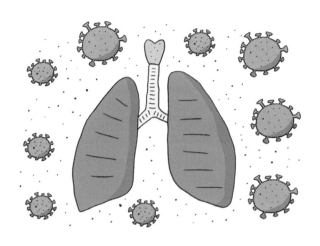

대로 파괴해요. 바이러스 등쌀에 세포들이 제 구실을 못하게 되니 우리 몸은 점점 약해져요. 이것이 바이러스 감염이에요.

세균과 바이러스를 처음 발견한 사람은 누굴까?

　1673년, 현미경으로 빗물을 관찰하던 네덜란드의 직물상 레벤후크 (1632~1723년, 현미경 제작 및 관찰)는 이상한 것을 발견했어요. 렌즈 너머로 처음 보는 이상한 생명체가 마구 꿈틀거리고 있었거든요. 세균이 포함된 미생물이었어요.

　"와, 신기한데!"

　하지만 레벤후크는 설마 이것들 중에 질병을 일으키는 세균이 있을 거라고는 생각도 못했어요. 어쨌든 이 발견으로 미생물의 존재가 처음 알려졌고, 본격적인 미생물과 세균 연구도 시작되었어요.

　바이러스는 세균보다 200년 늦게 발견되었어요. 워낙 작아서 세균도 간신히 관찰하는 현미경으로는 바이러스를 볼 수 없었기 때문이죠.

　1898년 네덜란드의 토양 미생물 학자 베이에링크(1851~1931, 식물 바이러스 연구)는 병든 담뱃잎을 관찰하고 있었어요.

　'왜 멀쩡한 담뱃잎이 갑자기 시들기 시작했을까?'

　처음에는 세균 때문이라고 생각했는데 그게 아니었어요. 세균이라

면 미세한 여과기로 걸러낼 수
있어야 하는데 이놈들은 도무
지 걸러지지 않았어요.

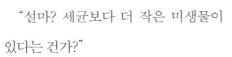

"설마? 세균보다 더 작은 미생물이
있다는 건가?"

베이에링크는 이 수상쩍은 미생물에 '바이러스(Virus)'라는 이름을
붙였어요. 독을 가진 액체라는 뜻의 라틴어 비루스(virus)에서 유래한
말이에요.

1935년 미국인 생화학자 웬들 메러디스 스탠리(1904~1971, 바이러스
를 정제 및 결정화하여 분자구조를 밝힘)는 바이러스가 액체가 아닌 입자라는
것을 밝혀냈어요. 스탠리는 그 공로로 1946년 노벨 화학상을 수상했
어요.

착한 세균, 착한 바이러스

    지구상에 존재하는 99퍼센트의 세균은 인간을 괴롭히지 않아요. 술과 빵을 맛있게 숙성시켜주는 효모균이나 유산균처럼 인간에게 이익을 주는 녀석들도 많아요.

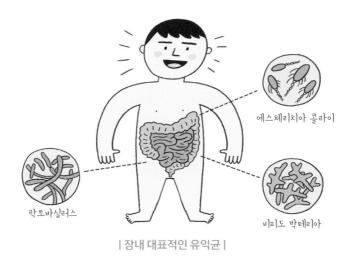

에스체리치아 콜라이

락토바실러스

비피도 박테리아

| 장내 대표적인 유익균 |

우리 몸속에 유익균(프로바이오틱스)이 늘면 비만, 당뇨 같은 질환이 줄어든다. 채소와 과일을 비롯하여 요구르트 같은 유제품, 된장, 고추장, 김치, 젓갈, 치즈 등의 발효식품을 많이 먹으면 몸속 유익균을 늘릴 수 있다.

우리 몸에는 약 500종, 100조가 넘는 세균이 살고 있는데, 이들을 체중대에 나란히 올리면 1킬로그램이 넘어요. 장내 유익균이 모자라면 일부러 유산균을 복용해서라도 보충을 해줘야 하고요.

바닷물 속 세균들의 약 20퍼센트가 매일 바이러스의 공격으로 사망해요. 이때 세균이 죽으면서 아미노산, 탄소, 질소 등을 배출하는데 하나같이 생태계에 꼭 필요한 유기물질이에요.

우리 몸에는 약 2000 종류의 바이러스가 들어 있는데 대부분 사람에게 별 피해를 주지 않고 조용히 지내요. 인간의 유전자에는 약 10퍼센트의 바이러스 유전자가 섞여 있는데 이는 인간의 진화에 바이러스가 큰 역할을 해왔고, 둘이 오랫동안 공존해 왔다는 증거예요.

세네카밸리 바이러스는 신경계 암 환자의 종양세포를 공격하면서도 기특하게도 건강한 세포는 건드리지 않아요. 이렇게 세균만 공격하는 바이러스를 박테리오파지라고 해요. 현재 많은 바이오 기업들이 박테리오파지를 이용한 치료법을 연구 중이에요.

자연발생설이냐, 생물 속생설이냐

파스퇴르는 세균이 질병을 일으킨다는 사실을 최초로 알아낸 미생물학자예요.

하루는 포도주 양조업자들이 파스퇴르를 찾아와 애써 담근 포도주가 상해버렸는데, 그 이유를 모르겠다고 하소연을 했어요.

파스퇴르가 현미경으로 들여다봤더니 포도주에 미생물이 우글거렸어요.

"이 미생물이 포도주를 상하게 만든 게 틀림없어!"

다른 과학자들은 그 주장을 비웃었어요. 그 무렵 과학자들은, 부모가 있어야 자식이 있듯 미생물도 미생물로부터 생겨난다는 '자연발생설'을 믿고 있었어요. 미생물이 상한 생선이나 고기에서 저절로 생겨난다는 거였죠.

그러나 파스퇴르의 생각은 달랐어요.

'썩은 생선에서 저절로 미생물이 생기는 게 아니라, 미생물이 생선을 부패시킨다.'

파스퇴르의 이 주장을 생물 속생설이라 해요. 파스퇴르는 그것을 증명해 보일 실험을 했어요. 공처럼 둥근 유리그릇에 양고기를 푹 끓였어요. 그래야 미생물이 다 죽을 테니까요. 유리그릇에는 S자 모양의 유리관을 연결했어요. 양고기가 끓으면서 발생한 수증기가 차가운 유리관에 닿자 물방울로 변해 고였어요. 그것은 외부 미생물의 침입을 막아주는 훌륭한 차단막이었어요. 시간이 흘러도 양고기는 상하지 않았어요. 자연발생설을 뒤집고 파스퇴르의 생물 속생설을 입증하는 결과였어요.

포도주 양조업자들은 파스퇴르 덕분에 억울함을 풀 수 있게 되어 크게 기뻐했어요.

3장

면역 이야기

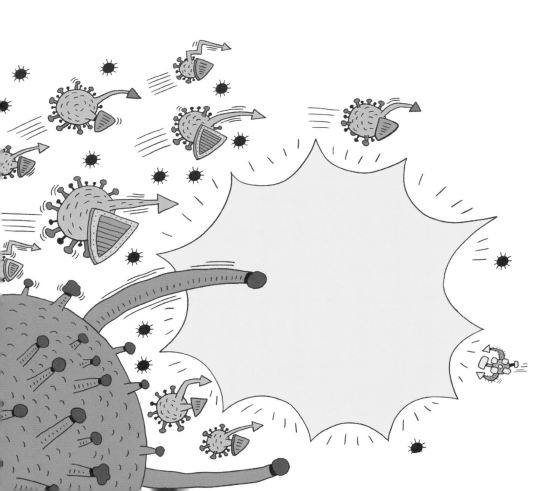

면역력은

가장 **강력한 항생제다!**

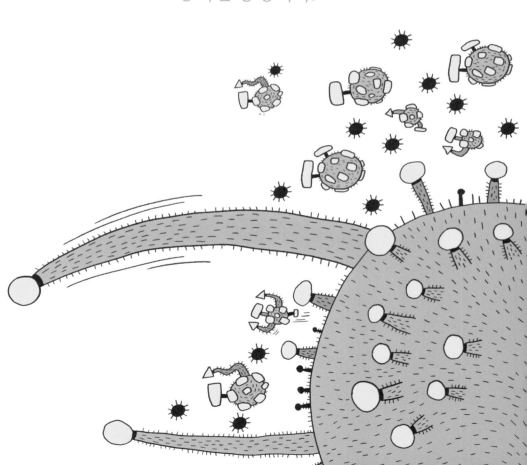

스페인 군은 왜 멀쩡했을까?

만일 여러분이 시간을 점프해서 500년 전으로 돌아간다면 어떤 일이 생길까요? 타임 슬립 드라마나 영화 주인공처럼 내가 사는 마을의 옛 모습도 확인하고, 역사책에서 보았던 실제 인물도 만나고, 역사적 사건도 경험하고…… 무척 신날 것 같지 않나요?

그런데 아니에요. 오히려 그 반대로 커다란 재앙이 일어날 수 있어요. 여러분 한 명 때문에 조선 팔도에 엄청난 전염병이 유행할 테니까요. 그리고 그 전염병이 중국으로 가는 조선 사신단에 옮아 중국 대륙으로 퍼져나갈 수도 있어요. 정작 그 병을 퍼뜨린 여러분은 멀쩡한데 말이에요. 그것은 여러분 몸속에는 이미 그런 병을 이겨내는 면역력이 있기 때문이에요.

1492년 콜럼버스(1451~1506, 이탈리아의 탐험가. 지구가 둥글다는 것을 믿고 대서양을 서쪽으로 항해하여 쿠바, 자메이카, 도미니카 및 남아메리카와 중앙아메리카에 도착하였다)가 신대륙을 발견하자, 스페인은 신대륙을 정벌하기 위한 군대를 파병했어요. 돌로 만든 칼과 곤봉, 신석기 수준의 무기를 가진 원주민은 총과 금속 병기로 무장한 스페인 군의 상대가 되지 못했어요. 게다가 스페인 군에는 더 치명적인 무기가 있었어요. 바로 병원균이었어요.

당시 스페인 군의 몸에는 결핵, 홍역, 천연두, 콜레라 등 다양한 세균과 바이러스가 득실대고 있었어요. 그들과 접촉한 원주민은 삽시간에 전염되어 픽픽 쓰러졌어요. 이렇게 신대륙 주민의 90퍼센트가 전염병으로 사망했어요.

아메리카 원주민들은 유럽인들의 앞선 무기보다 그들의 몸에 득실대던 다양한 세균과 바이러스 때문에 전멸되다시피 했다.

반면 스페인 군은 멀쩡했어요. 유럽인들은 수천 년간 다양한 전염병에 시달리는 과정에서 자기도 모르게 면역력이 생겼기 때문이죠. 하지만 이런 전염병을 겪어보지 못한 원주민들은 치료약도, 면역력도 없어서 희생되고 말았어요.

반면 성병인 매독은 원래 신대륙 원주민의 풍토병이었는데 신대륙을 다녀간 유럽인들을 통해 세계로 퍼져 나갔어요.

무너진 1차 방어선

우리의 몸을 하나의 거대한 성곽도시에 비유해볼까요? 높고 튼튼한 성벽이 있고, 적군을 감시하는 병사들이 눈을 번득이며 24시간 순찰을 돌고 있어요. 여기서 성벽은 우리 몸의 피부이고, 적군은 병원체예요. 어떤 병원체도 벽돌처럼 단단한 피부를 뚫고 들어올 수는 없어요.

그러나 언뜻 완벽해 보이지만, 이 성에도 허점은 있어요. 성벽의 벽돌이 무너진 곳(찢어진 피부)이나, 주민들이 출입하는 성문(코와 입의 점막) 같은 곳이죠. 병원체들은 이 취약 지대로 침투를 시도해요.

침입자다!

순찰 중이던 병사들이 가장 먼저 달려들어요. 순찰대원 이름은 호중구, 우리 몸의 면역을 담당하는 백혈구 군단 소속이에요. 호중구는 용감히 싸웠지

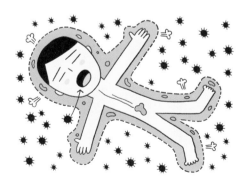

암세포를 공격하는 NK세포

우리 몸은 세포분열을 통해 1초에 약 50만 개의 새로운 세포가 만들어져요. 동시에 2초에 하나 꼴로 암세포도 만들어지죠. 그래도 모든 사람이 암에 걸리지 않는 것은 NK세포 덕분이에요. NK세포는 몸을 돌아다니다 암세포가 발견되는 족족 척살을 해서 일정 이상의 암세포가 늘어나지 않게끔 수를 조절해요. 건강한 사람의 몸에도 보통 1000개에서 5000개 정도의 암세포가 있어요.

만 병원체의 저항도 만만치 않아서 희생자가 속출해요. 호중구가 숨을 거두면서 피처럼 내뿜는 것이 고름이에요. 때마침 지원군이 도착했어요. 역시 백혈구 군단 소속인 매크로파지와 NK세포*예요.

매크로파지는 개구리처럼 입을 크게 벌려 병원체를 닥치는 대로 잡아먹어요. 먹성이 좋은 대식가라서 별명도 대식세포예요. NK세포는 자연살해세포예요. 이름 그대로 우리 몸에 들어온 병원균을 독자적으로 공격하고 죽이는 중요한 일을 하는 세포지요.

여기까지 걸리는 시간은 대략 사흘, 감기라면 슬슬 열이 나고 목과 근육이 아프기 시작할 즈음이에요.

어지간한 침입자라면 이 셋만으로도 충분하겠지만 오늘 침입자는 결코 만만치 않아요. 아니나 다를까, 1차 방어선이 무너져버렸어요.

최후의 전투

호중구가 비틀거리며 사령관실로 들어왔어요. 사령관의 이름은 헬퍼 T 세포. 사령관이 호중구에게 물었어요.

"1차 방어선이 무너졌다고? 대체 어떤 놈들이기에⋯⋯."

"처음 보는 녀석들인데, 정말 만만치 않습니다."

"놈들의 정보는 좀 알아냈나?"

"그렇지 않아도 포로 하나를 잡아 왔습니다. 우웩!"

호중구는 삼켰던 병원균을 토해요. 그러고는 녀석을 취조실로 끌고 가 심문을 시작하죠.

"죽기 싫으면 빨리 정체를 말해!"

"으으⋯ 나⋯ 나는 돼지 독감 바이러⋯⋯"

사령관 헬퍼 T세포는 즉각 분석에 들어가요.

하지만 파훼법(전략이나 전술, 상황 따위를 돌파하는 수단이나 방법)을 알아내기까지는 적잖은 시간이 필요해요. 그동안 바이러스는 신나게 마을(세포)들을 하나하나 점령하기 시작해요. 우리 몸이 본격적으로 아플

때예요.

기나긴 분석이 끝나고 대응책이 마련되었어요. 헬퍼 T세포는 특수 최정예 부대인 B세포와 킬러 T세포를 호출해요.

"작전 명령대로만 해, 그럼 이길 수 있어."

B세포는 저격수예요. 스나이프용 총을 휴대하고 있다가 병원체를 사살해요. 킬러 T세포는 맨손으로 적을 때려눕히는 육탄전의 달인이 에요. 반격의 시간이 되었어요. B세포와 킬러 T세포가 밀어붙이는 동

면역세포의 종류

면역세포		하는 일
	헬퍼 T세포	세포 독성 T세포나 B세포를 활성화하고 공격 명령을 내린다
	B세포	헬퍼 T세포로부터 명령을 받아 항체를 만들어 이물을 공격한다.
	NK세포	'자연살해세포'라고도 한다. 강력한 살상 능력으로 이물을 발견하면 스스로 공격하고 처리한다. 헬퍼 T세포의 기능을 강화한다.
	매크로파지	세균이나 이물, 노폐물 등을 먹고 정보를 헬퍼 T세포에 전한다.
	호중구	병원균을 먹고 라이소자임이라는 물질을 녹인다.

안 1차 전투에 참전한 호중구도 가세해 바이러스를 최후의 궁지로 몰
아넣어요. 바이러스는 괴멸되고 우리 몸도 회복을 시작해요.

　전투가 끝났지만 참전 용사들은 적에 대해 꼼꼼한 기록을 잊지 않
아요. 다음번에 이 녀석들이 재차 침공했을 때 빠르게 대처할 수 있도
록요. 이렇듯 우리 몸이 스스로 병을 물리치고 회복하는 것을 '자연면
역'이라고 해요.

백신의 원리

백신과 파스퇴르

백신이라는 단어를 처음 사용한 사람은 파스퇴르예요. 상한 포도주에서 발효 또는 부패가 미생물 때문이라는 것을 밝혀낸 그 세균학자 말이에요. 파스퇴르는 광견병 백신을 개발한 뒤, 종두법을 만들어 천연두를 예방한 제너에게 존경을 표하는 의미로 '백신'이라는 이름을 붙였어요. 백신(vaccine)은 소를 뜻하는 라틴어 바카(vacca)에서 유래한 말이에요.

자연면역만으로는 모든 병원체를 물리칠 수 없어요. 이럴 때는 백신(예방 주사)을 이용해 강제로 면역력을 키워야 해요. 이를 '인공면역'이라고 해요.

백신*으로 유명한 인물은 종두법을 개발해 천연두를 물리친 영국인 의사 에드워드 제너(1749~1823, 천연두 예방접종의 창시자)예요.

19세기 말, 천연두를 연구하던 제너는 목동이나 우유를 짜는 여자들이 우두(소가 걸리는 천연두)에 감염되기는 했지만, 천연두에 잘 걸리지 않는다는 사실을 발견하고 신기하게 생각했어요. 우두는 천연두처럼 치명적인 질병은 아니었어요.

'우두에 걸린 사람은 천연두를 이기는 어떤 저항력이 있는 걸까?'

제너는 우두에 걸린 사람 몸에서 고름을 채취해 8세 소년에게 접종했어요. 예상대로 소년은 천연두에 걸리지 않았어요.

우두 바이러스가 소년의 몸에 들어가자 면역세포는 그것을 침입자로 간주해 공격을 해서 물리쳐요. 면역세포는 이 바이러스를 똑똑히 기억해 두죠. 천연두와 우두는 친척 바이러스예요. 나중에 진짜 천연두 바이러스가 몸에 들어오자 소년의 면역세포는 '이놈은 전에 왔던 그놈 같은데?'라고 착각해 적극적인 면역반응을 보였던 거예요.

백신은 이 면역세포의 기억력을 이용해요. 독감 예방주사는 주사액에 죽은 독감 바이러스나 독성이 약한 바이러스를 넣은 것이에요. 나중에 진짜 독감 바이러스가 우리 몸에 들어왔을 때 면역세포가 신속하게 반응을 할 수 있도록 하는 거죠. 이것을 '항체가 생겼다'라고 말해요. 항체는 그 대응과 뒤처리가 어찌나 신속하고 깔끔한지 우리는 독감 바이러스가 침입했다는 사실 조차도 느끼지 못해요.

 버블 보이(Bubble Boy)

의사는 데이빗 베터가 2살을 넘기지 못할 거라고 말했어요.

1917년, 미국 텍사스에서 태어난 베터는 중증복합면역결핍증(SCID), 몸에 면역 기능이 전혀 없는 아이였어요. 감기만 걸려도 목숨을 잃을 수 있었어요. 유전병이어서 어떤 백신도, 약도 듣지 않아요.

베터의 부모는 병원균을 원천 차단하고 내부에는 살균 기능을 갖춘 비닐 텐트 속에 베터를 살게 했어요. 텐트가 풍선 같아서 사람들은 베터를 버블 보이(Bubble Boy)라 불렀어요.

베터는 침대와 장난감이 있는 좁은 텐트에서 생활하며 투명 비닐 너머 가족들과 이야기를 나누었어요. 그런데 의사가 예고한 2년이 지났지만 베터는 죽지 않았어요. 미 항공우주국(NASA)은 베터를 위해 우주인들이 입는 멸균복을 선물했

어요. 유리 헬멧이 달린 이 우주복을 입고 베터는 이따금 텐트 밖으로 나와 마당을 산책하고 가족들과 함께하는 시간을 보냈어요. 하지만 언제까지 이렇게 지낼 수는 없는 노릇이었어요.

유일한 희망은 건강한 면역세포를 갖춘 골수를 이식받는 것이었어요. 베터의 누나가 골수를 이식해줬고 수술은 성공적인 것처럼 보였어요. 그러나 불행하게도 골수에 묻은 바이러스에 감염되고 말았어요.

몇 달 후, 베터는 비닐 텐트에서 나왔어요. 그리고 참으로 오랜만에 맨몸으로 부모의 품에 안겼다가 곧 숨을 거두었어요. 베터의 나이 12살이었어요.

베터의 기적을 기도했던 미국인들은 큰 슬픔에 빠졌어요.

이후 많은 사람들의 노력으로 SCID 치료제가 개발되었어요.

항생제와 항바이러스제

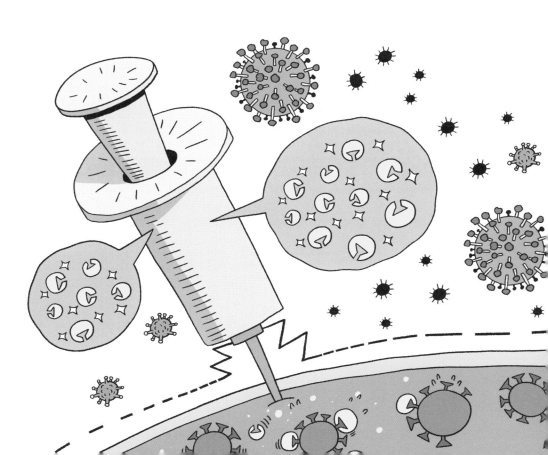

사람에게는 안전하면서
세균만 골라서 죽이는 물질은 없을까?
이렇게 해서 항생제와 항바이러스제가 만들어졌다.

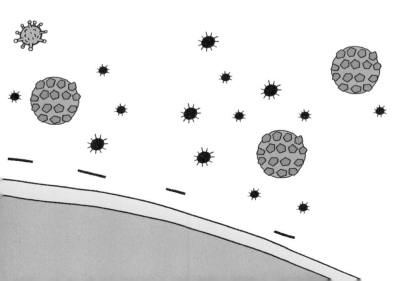

플레밍과 페니실린

1942년, 연쇄상구균에 감염된 미국인 여성 앤 밀러는 병실에서 죽음을 기다리고 있었어요. 밀러의 주치의는 뉴저지의 한 제약회사가 개발 중인, 그래서 아직 한 번도 사용한 적 없는 신약을 그녀에게 써보기로 결심했어요. 위험한 시도였지만 어쩔 수 없었어요. 당시에는 그병을 치료할 약이 없었거든요.

3월 14일, 의식을 잃은 밀러의 몸속으로 티스푼 분량의 액체가 주입되었어요. 그것은 당시 그 신약의 절반에 해당하는 엄청난 양이었어요. 그러자 42도까지 치솟았던 밀러의 체온이 빠르게 내려갔고, 그녀는 빠르게 안정세를 되찾았어요. 퇴원한 밀러는 이후 57년을 더 살다가 90세에 사망했어요.

밀러의 목숨을 구한 액체는 '페니실린'으로, 세계 최초의 항생제였어요.

백신이 예방약이라면 항생제는 치료제예요. 과학자들은 세균이 사람에게 질병을 감염시킨다는 사실을 알아냈지만, 그것을 억제하는 항생제를 만드는 일은 무척이나 어려웠어요. 몸속 세균을 죽이기 위해 독한 성분을 사용하면 자칫 사람 목숨까지 위험하니까요.

'사람한테는 안전하면서 세균만 골라서 죽이는 물질은 없을까?'

1928년 플레밍(1881~1955, 세균학자)은 포도상 구균*이라는 세균을 배양하고 있었어요.

어느 날, 플레밍은 소중하게 키우던 포도상 구균이 흐물흐물 녹아있는 것을 발견했어요.

'어? 이게 무슨 일이지?'

포도상 구균을 죽인 것은 창문으로 날아온 푸른곰팡이였어요.

푸른곰팡이는 포도상 구균을 적으로 간주해 강력한 물질을 분비해 녹여버리는 습성이 있는데, 그 물질은 인체에는 무해해요.

플레밍은 이 분비 물질에 페니실린(penicillin)이라는 이름을 붙였어요. 푸른곰팡이의 학명인 페니실리움(penicillium)에서 따온 말이에요.

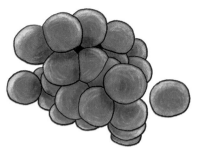

포도상 구균

공 모양의 세포가 불규칙하게 모여서 포도송이처럼 된 세균으로, 연쇄상 구균과 더불어 고름증의 원인이 된다.

바이러스에는 왜 항생제가 통하지 않을까?

항생제는 세균은 잘 죽이지만, 바이러스에는 맥을 못 춰요.

세균은 세포생물이에요. 세균은 세포를 둘로 쩍! 갈라서(세포분열) 증식을 해요. 항생제의 원리는 세균의 세포증식을 억제하는 거예요. 그런데 바이러스는 세포가 없으니 이 방식이 통하지 않는 거죠.

바이러스를 치료하려면 바이러스를 죽이거나 억제하는 약이 필요해요. 그것이 항바이러스제예요. 독감에 걸렸을 때 먹는 타미플루가 대표적인 항바이러스제예요.

간혹 병원에서 감기 환자에게 항생제를 처방하는 일이 있어요. 감기는 바이러스성 질환인데 왜 항생제를 처방하냐고 하겠지만, 감기로 면역력이 떨어져 세균 감염에 취약하기 때문이에요. 하지만 항생제는 함부로 남용해서는 곤란해요. 독한 항생제는 장내 유익균을 죽이고, 세균들도 항생제에 내성이 생겨서 나중에는 더 독한 항생제를 사용해야 하거든요.

항바이러스제는 왜 항생제보다 적을까?

페니실린이 등장한 후 지금까지 1000개가 넘는 항생제가 개발되었어요. 반면 항바이러스제는 손가락으로 꼽을 만큼 적어요. 현재까지 개발된 항바이러스제는 독감 치료제, 헤르페스 치료제, B형 간염 치료제, C형 간염 치료제, 에이즈 치료제 정도예요.

오늘날 인류를 위협하는 신종 전염병은 대부분 바이러스성 전염병이에요. 팬데믹이 선언된 홍콩독감, 신종플루, 코로나19를 비롯해 사스, 메르스 모두 바이러스에 의한 전염병이에요. 심지어 1976년에 발견된 에볼라 바이러스는 아직도 치료제가 없어요.

세균은 세포 밖에서 활동하므로 비교적 대응이 쉽지만, 바이러스는 세포 속에 꼭꼭 숨어버리기 때문에 박멸이 굉장히 어려워요. 그러면 감염된 세포를 죽이면 되는 거 아니냐고요? 감염된 세포를 죽이려고 독한 약을 썼다가 자칫 건강한 세포까지 파괴될 수 있어요. 또 세균은 항생제를 한 종류만 써도 죽일 수 있지만, 항바이러스제는 특정한 몇 개의 바이러스에만 효과가 있어요.

코로나 계열 바이러스

원래 코로나 계열 바이러스는 박쥐, 낙타, 고양이 등 동물에게만 감염될 뿐 사람에게는 영향을 주지 않았어요. 사람이 기침을 해도 애완동물에게 옮지 않는 것처럼, 다른 종끼리는 감염되지 않았거든요. 이를 종간장벽이라고 해요. 그래서 사람들은 코로나를 크게 신경 쓰지 않았어요.

하지만 2002년, 사스(SARS : 중증급성호흡기증후군)와 메르스(MERS : 중동호흡기증후군)이 차례로 인간에게 감염되면서, 코로나 계열 바이러스는 단숨에 인류를 위협하는 가장 무서운 전염병으로 부각되었어요.

어찌어찌 항바이러스제를 개발해도 문제는 끝나지 않아요. 바이러스는 변신의 귀재예요. DNA형은 그나마 좀 낫지만 RNA형 바이러스는 구조가 굉장히 불안정해서 돌연변이가 많아요. 대표적인 것이 코로나 계열 바이러스* 삼총사(사스, 메르스, 코로나19)예요.

백신도 사정이 다르지 않아요. 지금까지 바이러스 백신 개발에 성공한 것은 천연두와 B형 간염 바이러스, 홍역 바이러스 정도인데 모두 DNA형 바이러스예요.

반면 RNA 바이러스인 에이즈 바이러스와 코로나 계열 바이러스는 백신도, 치료제도 개발이 매우 어려워요. 만드는 사이에 새로운 변종이 생기기 때문이죠.

"나를 잡겠다고? 어디 한번 해보시지?"

마치 영원히 끝나지 않는 술래잡기 같아요.

코로나19와 백신

지금껏 인류가 개발한 백신은 죽은 바이러스(사백신)나 살아 있는 바이러스를 독성을 약화시켜(생백신) 주사해 인체에서 면역 반응을 일으키도록 유도하는 원리였어요. 한번 싸웠던 상대를 기억하는 면역계의 신통한 능력을 이용한 것이죠. 그래서 그동안 인류는 각종 질병에 대적할 수 있었어요. 코로나19도 예외가 아니에요. 코로나가 팬데믹으로 확대되면서 세계 여러 나라들은 백신 개발에 총력을 기울였어요.

그 결과 2020년 겨울, 미국 제약회사 화이자와 모더나는 기존 방식과 전혀 다른 획기적인 백신 개발에 성공했어요(화이자는 11월, 모더나는 12월). 바로 mRNA 백신이에요. mRNA는 메신저 RNA의 약자인데, 쉽게 말하면 설계도예요. 코로나 바이러스를 현미경으로 관찰하면 표면에 육상 선수들이 신는 운동화의 스파이크처럼 뾰족한 돌기들이 무수히 붙어 있는 걸 알 수 있어요. 이걸 스파이크 단백질이라고 해요. 이것이 코로나 바이러스가 우리 몸의 세포와 결합해 바이러스를 세포 안으로 침투시키는 역할을 하지요.

그런데 mRNA 백신을 주사하면 우리 몸의 세포는 설계도가 시키는 대로 이 스파이크 단백질을 합성(만들다)해요. 문제는 우리 면역체계는 낯선 단백질을 인식하는 순간, 적으로 간주해 물리치려는 본능이 있다는 거예요. "뭐야? 이 단백질은 처음 보는데!"하며 인체에서 스파이크 세포를 물리치는 항체가 형성돼요. 즉, 면역이 생긴 거죠.

이렇게 항체가 생성되면 훗날 진짜 코로나 바이러스가 침투해도 이 항체 때문에 제대로 힘을 쓰지 못해요. 이미 대비가 되어 있으니까요. 이것이 mRNA 백신의 원리예요. mRNA 백신은 면역 효과가 뛰어난 데다 대량생산이 가능해요. 하지만 영하 20도 이하의 저온에서 보관해야 하는 단점이 있어요.

두 번째는 바이러스 벡터 백신이에요. 바이러스 중에는 우리 몸에 들어와도 안전한 게 있어요. 이 백신은 그 바이러스에 코로나 바이러스의 스파이크 단백질을 심어서 우리 몸에 주사를 놓는 거예요. 안전한 바이러스를 운반체(벡터)로 삼아 인체에 주입하는 방식이죠. 그럼 우리 몸의 세포는 이 스파이크 단백질을 만들어내요. 그렇게 되면 mRNA 백신이 그랬던 것처럼 우리 몸은 이 스파이크 단백질을 적으로 간주해서 면역이 생겨요. 유럽 다국적 제약회사 아스트라제네카가 개발한 AZ(아스트라제네카) 백신과 벨기에 제약회사 얀센이 만든 얀센

백신이 대표적인 바이러스 벡터 백신이에요.

바이러스 벡터 백신은 값싸고 보관이 쉽다는 장점이 있지만 면역 효과는 mRNA 백신보다 뒤처져요. 더구나 이 백신을 접종한 사람 가운데 혈전(피가 굳는 현상)이 나타나면서 현재 (2021년 4월 기준) 안전성 문제가 대두되어 접종을 중단하는 국가가 늘고 있어요.

세 번째는 중국 기업 시노백이 만든 시노백 백신이에요. 이것은 죽은 바이러스(사백신)를 이용한 전통적 방식의 백신이에요. mRNA나 바이러스 벡터 백신에 비해 면역 효과는 크게 떨어져요.

마지막으로 재조합 단백질 백신이 있어요. 재조합 단백질 백신은 스파이크 단백질을 인위적으로 재조합해서 인체에 주사하는 방식이에요. 미국 제약회사 노바맥스가 이 백신 개발에 성공했는데, 현재 사용 승인을 기다리고 있어요.

돈이 안 되면 만들지 않는다

팬데믹은 인류에게는 재앙이지만, 제약회사들에게는 대박을 터뜨릴 기회예요. 2009년 신종플루가 유행했을 당시 영국 제약회사 GSK를 비롯한 유수의 제약회사들이 치료제를 개발해 천문학적 수익을 올리기도 했어요.

불만의 목소리도 있었어요.

"당신들의 업적에 찬사를 보낸다. 훌륭해, 대단한 기술력이었어. 그런데 당신들은 왜 에볼라와 말라리아 백신은 만들지 않는 거지?"

40년 전 발견된 에볼라 바이러스와 1만 년 전부터 기승을 부리는 말라리아, 두 질병은 아직도 백신이 없어요. 기술이 없어서? 제약회사를 비판하는 사람들은 그렇지 않다고 주장해요. 에볼라 바이러스는 이미 동물실험에서 효과를 보이는 백신까지 개발한 상태예요.

그런데 에볼라 바이러스와 말라리아는 아프리카, 동남아시아 같은 후진국에서 주로 발병하는 전염병이에요. 애써 개발해봤자 수익이 나지 않는다고 판단한 제약회사들이 열을 내서 만들지 않는다는 거죠.

그렇다고 모든 책임을 제약회사에 떠넘길 수도 없어요. 제약회사가 신약을 개발하기 위해서는 10년 이상의 시간과 1조 원이 넘는 거액을 쏟아부어야 해요. 연구한다고 개발된다는 보장도 없어요. 제약회사도 본질적으로는 이익을 추구하는 집단이에요. 많은 시간과 인력과 자본을 들여 개발한 약이 잘 팔리지 않는다면 자칫 파산할 수도 있어요.

'돈이 되지 않는 약은 만들지 않는다.'

씁쓸하지만 그게 냉정한 자본주의의 현실이에요.

매년 많은 돈을 기부하는 빌 게이츠는 제약회사들의 이러한 이익 우선주의를 다음과 같이 꼬집었어요.

"제약회사들은 매년 수십만 명을 죽이는 말라리아보다 대머리 치료제에 더 관심이 있다."

실제로 매년 20억 달러 이상이 대머리 치료 연구에 사용되고 있어요. 이는 말라리아 연구비의 4배에 해당하는 금액이에요.

5장

위생과 질병

위생은 강력한 백신이다!

위생이 그렇게 중요해?

"이번 코로나 때문에 우리 병원에 환자가 대폭 줄었어요."

"아니, 왜요? 코로나 때문에 환자가 더 많을 것 같은데요."

"그런데 안 그래요. 오히려 다들 코로나 걸릴까 봐 마스크를 쓰고 손 씻기를 열심히 하니까 병에 잘 안 걸리는 것 같아요."

코로나 바이러스의 공포가 절정에 달하던 2020년 2월부터 4월까지, 20개 병원을 대상으로 조사한 결과, 실제로 설사, 호흡기 질환, 감염병 환자수가 거의 절반으로 줄어들었어요. 전문가들은 온 국민이 마스크를 쓰고, 손 씻기, 사회적 거리두기 같은 개인위생을 잘 지켰기 때문이라고 분석했어요. 그만큼 위생이 중요하다는 거죠.

19세기까지 인류의 평균 수명은 30세 미만이었어요. 그러다가 20세기에 들어와 45세로 늘었고, 21세기에는 75세로 급격히 증가했어요. 의학 기술의 눈부신 발전이 한몫했겠지만, 그것보다 더 중요한 것이 철저한 위생이에요. 버밍엄 대학의 토머스 맥케온은 이렇게 말했어요.

"의사들은 태아와 산모의 사망률을 줄이는 등 8퍼센트밖에 기여하지 못했다. 나머지 92퍼센트는 영양 개선과 위생과 주거환경 개선 덕분이다."

이 주장의 사실 여부는 현재 논란 중이에요.

하지만 병에 걸린 다음에 병원을 찾는 것보다 예방이 훨씬 중요하다는 것에 이의를 제기할 사람은 없을 거예요. 의학 전문가들도 손 씻기만 제대로 해도 장티푸스, 콜레라 같은 수인성 질환은 최대 70퍼센트, 감염성 위장 관련 질환은 50퍼센트, 급성 감염성 호흡기 질환은 20퍼센트 줄일 수 있다고 해요.

마스크를 왜 써?

2020년 2월, 코로나가 빠르게 퍼져나가던 무렵이었어요.

하루는 미국 유학생이 쇼핑을 하러 마트에 갔어요. 현지인이 불쑥 말을 걸었어요.

"너네들, 그거 꼭 써야 해?"

당황한 유학생이 주변을 돌아보니 혼자만 마스크를 쓰고 있었어요.

한국은 일상적으로 마스크를 착용해요. 미세먼지가 심한 날에도 쓰고, 감기 걸렸을 때도 쓰고, 일부러 패션 아이템으로 쓰는 사람도 있어요. 꽃가루가 심한 일본도 봄이 되면 많은 국민들이 마스크를 착용해요. 서양은 의료진들 외에는 마스크를 쓰지 않아요.

"마스크? 그거 은행 강도나 현상 수배범들이 쓰는 거 아냐?"

서양인들에게 마스크는 혐오를 불러일으키는 물건이에요. 자신을 표현하고 드러내는 것을 선호하는 그들 문화에서 마스크는 얼굴을 가리는 방해물이니까요. 미국 질병통제예방센터와 WHO조차 '건강한 사람은 마스크를 쓸 필요가 없다'고 할 정도였죠.

2020년 2월까지만 해도 코로나 바이러스가 아시아 지역에서만 번지고 있던 때라 서구 사회에서 '마스크 무용론'은 설득력이 있는 것처럼 보였어요.

그러나 얼마 안 있어 코로나가 서구권에도 상륙했어요. 미국과 유럽에서는 각각 100만 명이 넘는 확진자가 발생했어요. 미국 부통령, 영국 수상과 왕세자, 보건차관, 이탈리아 집권당 대표 등 유명 인사들도 코로나에 감염되었어요.

반면 마스크 착용률이 높은 중국, 대만, 한국, 일본은 감염자 추세가 확연히 수그러들었고, 유럽에서도 마스크 착용을 의무화한 체코는 확진자 숫자가 인구수가 비슷한 벨기에의 1/3에 불과했어요. 그제서야 WHO를 비롯하여 서구 국가들은 '면 마스크라도' 착용하라고 국민들에게 호소했어요.

손 씻기의 중요성을 일깨워준 제멜바이스

이그나스 제멜바이스(1818~1865)는 19세기 헝가리 출신의 산부인과 의사예요. 그 무렵, 산모들은 출산 과정에서 감염되는 산욕열이라는 질병으로 목숨을 잃곤 했어요.

제멜바이스가 근무한 오스트리아 빈의 왕실종합병원에는 산모를 위한 병동이 두 개 있었는데, 희한하게도 제1 병동의 산모 사망률이 제2 병동보다 두 배 이상 높았어요. 그 병동이 시설도 훨씬 좋고 깨끗한데도 말이에요.

어느 날, 제멜바이스는 시체를 부검하고 온 의사가 손을 씻지도 않고 제1 병동에 드나드는 것을 보았어요. 제멜바이스는 분노했어요.

"저 오염된 손으로 갓난아기를 받다니!"

제멜바이스는 의사들에게 수술 전에는 반드시 손을 씻으라고 말했어요. 하지만 의사들은 그 말을 비웃었어요. 세균이니 바이러스니 하는 미생물에 대한 개념이 없던 시절이었어요. 세균의 실체를 모르기는 제멜바이스도 마찬가지였으나, 모르기 때문에 할 수 있는 것은 다

해야 한다는 게 그의 일관된 신념이었어요.

제멜바이스가 강경하게 나오자 의사들은 마지못해 그렇게 했어요. 그러자 놀랍게도 18퍼센트였던 산모 사망률이 1퍼센트대로 뚝 떨어졌어요. 의사들은 그 결과를 도저히 받아들일 수 없었어요.

"그럼, 우린 그동안 산모들을 죽였다는 것을 인정하는 셈이잖아?"

제멜바이스는 옳은 일을 한 대가로 해고되었어요.

나중에 세균이 감염을 일으킨다는 사실이 증명되면서 제멜바이스의 행동은 높게 평가되었지만, 이미 제멜바이스는 사망한 뒤였어요.

공중위생의 아버지, 에드윈 채드윅

손 씻기, 마스크 하기, 주기적으로 청소하고 환기하기.

2020년 코로나가 유행하면서 습관처럼 지키고 있는 개인위생 수칙들이에요. 자신의 건강을 스스로 지키고 관리하는 거죠. 이와 달리 공중위생은 사회 구성원 전체의 건강을 위한 중앙정부와 지역사회의 활동을 말해요. 장마가 끝나면 거리에 소독약을 뿌리는 방역차, 올해 유행할 독감 예방주사를 보건소에서 접종하는 일 등이 대표적인 공중위생 활동이에요.

공중위생을 처음 도입한 나라는 19세기 영국이었어요. 당시 영국은 산업혁명 기간이었는데, 하늘은 공장에서 내뿜는 독한 연기로 뒤덮였고, 거리에는 오물과 쓰레기가 넘치고, 강에서는 악취가 풍겼어요. 이것은 전염병이 활동하기 딱 좋은 환경이에요. 아니나 다를까 전염병이 발발하고 많은 시민들이 목숨을 잃었어요. 그중에서도 위생 환경이 더 열악한 저소득층은 타격이 컸어요. 1840년 자료에 의하면 런던 시민의 평균 수명은 29세인데, 공장 노동자의 평균 수명은 이보

다 훨씬 낮은 22세였어요,

사회개혁가 에드윈 채드윅(1800~1890, 공중위생의 선구자)은 위생의 질을 높여야 시민들의 건강과 수명을 유지할 수 있다고 목소리를 높였어요. 영국 의회는 그의 주장을 받아들여 1848년 세계 최초로 공중보건법을 제정했어요. 당시 영국의 열악한 위생 상태를 개선할 수 있는 법적 토대가 마련된 거예요. 이 법안에 따라 런던 시는 상하수도 시설을 확충하고, 도로를 포장하고, 하수도에는 정화조 시설을 설치하고, 쓰레기와 오물 투기를 엄격하게 규제했어요. 그 결과는 놀라웠어요. 5년이 지난 1853년, 영국인들의 평균 수명이 무려 29세에서 48세로 크게 늘었어요. 공중위생의 중요성이 입증된 거예요.

와~ 연기난다!

예전에는 모기나 유충, 전염병균을 소탕한다고 연막 소독차가 동네를 돌며 소독을 하곤 했다. 소독차가 나타나면 아이들은 뛰어나와 흰 연기를 뿜어내는 차 꽁무니를 따라 달렸다. 이 연기는 살충제 원액에 휘발성 경유나 등유를 혼합한 뒤 높은 열로 가열하여 만들어진 것으로, 시각적으로 소독이 잘 되는 것처럼 보였지만 건강에는 해로웠다.

 시비법과 똥거름

시비법은 밭에 거름을 주는 농사법이에요.

한반도에 시비법이 처음 시작된 것은 고려 말이었는데, 그 전에는 농경지가 지력이 회복할 때까지 놀리는 휴경법이 대세였어요.

거름의 재료는 나뭇잎과 볏짚, 그리고 똥. 오줌이에요. 시비법의 등장으로 똥은 농사의 필수품으로 자리잡았어요. '밥 한 사발은 줘도 똥은 한 삼태기도 주지 말라'라는 말이 나올 정도였지요.

화학 비료의 등장으로 거름 사용은 크게 줄었지만 요즘도 거름으로 작물을 키우는 농가가 있어요. 그들은 이렇게 말해요.

"거름은 친환경, 유기농법! 화학 비료는 토양 산성화의 주범!"

거름 사용이 친환경인 것은 틀림없지만 엄격한 관리와 세심한 주의가 필요해요. 똥에는 많은 세균과 기생충이 들어 있어요. 충분한 시간을 두고 삭혀야 발효열에 의해 유해한 미생물이 죽어요. 그렇지 않은 거름은 유해한 미생물이 살아 있어 그것을 먹고 자란 채소와 곡류를 섭취한 사람에게 감염될 수 있어요.

한때 중국과 일본도 시비법으로 농사를 지었지만, 충분히 발효되지 않은 거름 때문에 많은 사람들이 기생충에 감염되었어요. 1877년, 일본을 방문한 미국인 동물학자 모스는 일본을 '기생충의 천국'이라고 할 정도였어요.

우리나라도 1970년대까지만 해도 기생충 감염률이 80퍼센트가 넘었어요. 국민 한 명당 평균 50마리의 회충이 기생하고 있었어요. 정부는 대대적으로 구충약 먹기 캠페인을 벌였고, 학교에서는 학생들에게 채변봉투를 나눠주고 똥을 담아오게 했어요. 그 채변봉투를 검사한 뒤 기생충이 나온 학생에게는 선생님이 회충약을 주었지요.

지금은 채변봉투도 사라졌고, 구충약 캠페인도 하지 않아요. 회충 감염률이 2퍼센트대로 떨어졌기 때문이에요. 구충약을 보급한 것이 효과가 있었지만, 농사 지을 때 똥거름 대신 화학 비료를 사용하게 한 것이 큰 역할을 했다고 할 수 있어요.

6장

조선시대 전염병

조선 백성들은 전염병보다

극심한 **가난**과 **굶주림**을 더 무서워했다.

조선의 방역

기록에 의하면 우리나라에 전염병이 발생한 건수는 삼국시대에 27건, 고려시대에는 37건이었어요. 사료가 충분치 않아서 정확하게는 알 수 없지만 실제로는 이보다 훨씬 더 많았을 거예요.

보다 체계적이고 자세한 기록은 조선의 문헌에서 확인할 수 있는데, 그것은 조선이 기록을 중시한 유교 국가이기 때문이에요. 「조선왕조실록」에 표기된 전염병 건수는 1455건, 발생 기간은 약 320년, 1년에 평균 2.73건 이상의 전염병이 발생했어요.

역병, 염병, 역질, 돌림병.

우리 조상들이 전염병을 부르는 호칭은 꽤 다양했는데, 그것은 도무지 병의 정체를 알 수 없어서 뭉뚱그려서 불렀기 때문이에요. 반면 온역(급성 열병), 학질(말라리아), 두창(천연두), 호열자(콜레라)처럼 비교적 증상이 뚜렷해서 병명을 추측할 수 있는 것은 나름대로의 호칭을 붙였어요.

조선의 전염병 대처 방식은 현대의 방역 정책과 꽤 흡사해요. 우선 감염자를 격리 수용하고, 창궐지는 관군을 동원해 외부와의 접촉을 차단했어요. 요즘 말로 록다운(Lock Down), 도시 봉쇄였어요. 그리고 마을 의원들을 소집해 감염자들을 돌보게 했는데, 오늘날 공중보건의 역할이었어요.

병원체의 정체가 미생물이라는 사실을 알지 못했던 조선시대에는 전염병을 어떤 특별한 귀신이 퍼뜨린다고 생각했어요. 그 귀신을 역귀 혹은 여귀라 부르며 몹시 두려워했지요. 조선 정부 역시 전염병이 발생하면 마을마다 이 귀신을 달래는 제사를 지내게 했어요.

그러나 뜸과 침, 한약 몇 첩, 주술적 믿음만으로는 전염병을 억제할 수 없었어요. 그저 강도 높은 봉쇄와 격리를 통해 전염병이 자연 소멸되기를 기다리는 것, 그것이 조선 정부가 기대할 수 있는 유일하면서도 최선의 방역 대책이었어요.

그래도 도성인 한양은 사정이 좀 나은 편이었어요. 대민 진료를 하는 혜민서, 전염병 치료 담당 활인서, 지금의 재난지원금 역할을 담당한 무료 급식소인 진휼소 등의 시설에, 여차하면 투입할 내의원과

의녀 등 전문 의료 인력도 있었으니까요.

조선 정부가 수립한 방역 대책 핵심 목표들 중 하나는, 무슨 일이 있어도 임금과 신하들이 있는 한양에는 전염병이 못 들어오도록 저지하는 것이었어요. 필사적으로 한양으로 통하는 길목마다 방역망을 촘촘하게 쳤지요. 그러나 1671년, 현종의 누이동생 숙경공주가 천연두로 사망하는 사건이 일어났어요. 방역망에 구멍이 뚫린 거예요.

왕실과 조정은 패닉 상태에 빠졌어요. 임금은 다른 궁전으로 피신하고, 감염된 궁녀들은 궁궐 밖으로 내보냈어요. 왕실 사정이 이러할

진대 그 아래 신하들이 무슨 수로 화를 피하겠어요? 많은 고관대작들이 감염되었고, 아직 건강한 신하들은 공포에 질려 출근을 거부하거나 줄줄이 사직 상소를 올렸어요.

텅 빈 경복궁, 조선 정부에 심각한 행정 공백이 발생했어요.

"다들 그만두고 안 나오면 조정 일은 대체 누가 한단 말인가!"

임금은 탄식했으나 붙잡지는 않았어요. 억지로 나오라고 하면, 대신들은 다른 사람의 집을 빼앗아 그곳에 꽁꽁 숨어버린다는 것을 알고 있었으니까요. 임금은 무고한 백성들에게 피해를 주기 싫었어요.

기근과 전염병

17세기, 세계는 평균기온이 약 2도 정도 하락한 소빙하기로 큰 곤욕을 치르고 있었어요. 조선도 예외가 아니었어요. 이상기온으로 흉년이 거듭되어 100년간 세 번의 대기근이 발생했어요. 이 대기근으로 조선 인구의 약 20퍼센트가 사망했어요.

기근 사망자라고 하면, 흔히 다들 굶어 죽었을 거라 생각하지만 실제로는 대부분 병으로 사망해요. 영양실조로 면역력이 극도로 떨어지면 사람은 가벼운 감기에도 목숨을 잃고 말지요.

「조선왕조실록」에는 당시 참상을 보고한 관리의 문서가 기록되어 있어요.

동문에서 수구문까지의 거리가 1리입니다. 근래 여역(전염병)과 두진(천연두)으로 죽은 남녀가 몇 천 명인지 모를 정도인데 이들을 모두 그 사이에 묻었습니다.

조선, 근대 의학에 눈뜨다

어린이 소변을 마셔라, 아궁이 흙을 먹어라, 하루 두 번 참기름을 코에 발라라.

1443년, 전염병이 창궐하자 세종대왕은 의서들을 뒤져 전국에 처방전을 배포했어요. 백성을 아끼는 애민군주다운 행동이었지만, 큰도움이 되지는 못했을 게 분명해요. 그럼 의원들은 뾰족한 수가 있었냐 하면 그렇지도 않았어요. 그들이 주로 처방한 약은 향소산, 십신탕, 승마갈근탕, 소시호탕 등인데, 말하자면 감기약이에요. 어쩔 수 없는 조선 의학의 한계였어요.

조선 의원들이 침술과 탕약으로 환자들을 치료할 때, 서양에서는 해부학 서적이 편찬되고 유럽 의사들은 살을 갈라 외과수술을 하고 있었어요. 19세기, 파스퇴르가 세균이 감염병을 일으킨다는 사실을 알아냈을 즈음, 조선인들은 여전히 무당이 써준 부적을 몸에 지니거나 굿판을 벌여 전염병을 물리치려고 했지요.

조선이 근대 서양 의학에 눈을 뜬 것은 19세기, 지석영(1855~1935, 개화기에 종두법 등 서양 의술의 보급에 힘썼다)이 종두법*을 들여오면서부터

종두법

종두법은 소의 몸에서 뽑아 낸 면역물질인 우두(두묘)를 접종하는 것이에요. '우두종법', '우두법'이라고도 해요.

예요. 지석영은 한의사인 아버지의 영향으로 한의학을 열심히 공부했어요.

어느 날, 어린 조카가 마마(천연두)*에 걸려 사망하는 일이 일어났어요. 천연두는 인류 역사상 가장 오랜 기간, 수많은 사람들의 목숨을 앗아간 아주 무시무시한 전염병이었어요. 이 병에 걸리면 처음에는 발열, 오한, 구토 증상을 보이다가 점차 온몸에 붉은 점이 돋고 몹시 높은 열에 시달리

우리나라에서는 왜 천연두를 '마마'라고 할까?

우리나라에서는 천연두를 '마마' 또는 '손님'이라고 불렀어요. 천연두가 휩쓸고 지나간 마을은 풍비박산이 날 만큼 처참했어요. 많은 사람들이 고통을 겪다가 흉한 모습으로 죽어 나가니 최상의 존칭인 '마마'를 붙여 노여움을 풀고 조용히 탈 없이 '손님'처럼 지나가기를 바란 거예요.

다가 목숨을 잃었어요. 천연두에 걸린 환자 3명 중 1명은 사망할 만큼 치사율이 높았고, 어쩌다 낫는다 해도 얼굴이 얽어 평생 '곰보'로 살아야 했어요.

지석영은 크게 슬퍼하다가 깨달았어요.

'한의학만으로는 한계가 있어. 서양의학을 배워야 해!'

1879년 지석영은 부산으로 내려가 일본인이 세운 병원에서 종두법을 배웠어요. 그러고는 의료기관인 종두장을 설립하고 백성들에게 천연두 백신을 접종했어요. 그러자 전국 무당들이 지석영이 서양 귀신에게 홀렸다며 들고일어났어요.

사실 귀신 어쩌고 하는 것은 다 핑계였어요. 천연두는 당시 조선 무당들의 좋은 밥벌이였어요. 천연두가 발생하면 나라에서는 막을 지어 환자를 격리하거나 환자가 쓰던 물건을 불태우는 조치밖에 하지 않았어요. 마땅한 의료 시설도 없고, 전염병에 무지했던 터라 사람들은 무당을 찾아가 큰돈을 주고 굿을 벌였어요. 그런데 종두법으로 자신들의 밥줄이 끊길 판이니 어떻게 가만히 있겠어요?

무당들은 우르르 몰려가 지석영이 세운 종두장을 불태웠어요. 그래도 지석영은 굴하지 않고 끊임없이 정부에 서양식 의학교를 설립할 것을 건의하는 등 소신껏 의술을 펼쳤어요. 그리고 마침내 1899년 최초의 근대 의학교육 기관인 '의학교'가 생겼어요. 오늘날 서울대학교 의과대학의 전신이에요.

🦠 콜레라와 조선의 공중위생

　우리 조상들은 콜레라를 '호열자'라고 했어요. 호랑이가 살점을 뜯어먹는 것처럼 고통스럽다는 뜻이에요. 1858년 한 해에만 콜레라로 사망한 사람이 50만 명이었어요. 콜레라 외에도 이질, 장티푸스로 많은 고통을 겪었어요. 모두 더러운 물에서 옮는 수인성 전염병이에요.

　조선은 그럴듯한 상하수도 시설이 아예 없었어요. 백성들은 배설물과 오물을 길이나 하천에 마구 버렸어요. 그 물을 마시고, 그 물로 몸을 씻고, 요리를 하고, 빨래를 했어요. 수인성 전염병이 활개를 치기에 이보다 더 좋은 환경은 없었지요.

　조선 정부도 배설물과 오물을 함부로 버리지 못하게 단속을 시도했지만 허사였

어요. 아무데나 버리지 않아도 되는 공중위생 시설(공중화장실, 상하수도 등)이 갖춰져 있지 않았기 때문이죠.

공중위생 사업은 일제강점기에 시작되었어요. 일제는 상하수도 시설을 늘리고, 한성위원회를 설립해 배설물과 오물을 수거하고 관리했어요. 조선인을 위해서 한 게 아니에요. 조선으로 이주한 일본인을 위한 정책이었고, 공짜도 아니었어요. 수도 요금은 물론 똥과 오줌을 치워주는 대가로 '위생비'라는 돈을 내야 했어요. 심지어 일제는 서울에 분뇨처리장을 설치하고 그곳에 모인 똥과 오줌은 거름이 필요한 근교 농민들에게 돈을 받고 팔았어요.

7장

환경파괴와 전염병

자연을 파괴하는 일을 멈추지 않는 한
제2, 제3의 코로나는 계속해서 일어날 것이다!

지구온난화

"너희 인간들은 포유류가 아니야. 모든 포유류들은 본능적으로 자연과 조화를 이루는데 너희들은 한 지역에서 번식을 하고 모든 자연자원을 소모하고 이동하지. 너희와 똑같은 유기체가 또 있어. 바이러스야."

_ 영화 〈매트릭스〉 중에서

대부분의 전염병은 동물들로부터 전해졌어요. 야생동물을 가축으로 길들이는 과정에서 말은 감기를, 개는 홍역을, 소는 천연두를, 돼지는 인플루엔자(독감)를 인간에게 퍼뜨렸어요.

도시와 농장, 댐이 건설되면서 수많은 밀림과 숲이 지도상에서 지워졌어요. 영역을 잃은 야생동물과 접촉한 인간은 신종 전염병에 감염되었어요. 에이즈는 아프리카 원숭이로부터, 에볼라와 코로나 바이러스는 박쥐로부터, 머리가 작은 아기가 태어나는 소두증은 이집트 숲모기로부터. 최근 40년간 발생한 신종 질병의 75퍼센트는 야생동물이 전해준 것이에요. 환경을 파괴한 대가를 치르고 있는 거죠.

백색 페스트.

옛날 사람들은 결핵을 이렇게 불렀어요. 페스트 환자는 피부가 검게 변해서 흑사병이라고 하고, 결핵 환자들은 낯빛이 창백해서 백사병이라고 불렀어요.

결핵은 매년 200만 명 이상이 사망할 정도로 무서운 전염병이었지만, 지금은 백신과 항생제 덕분에 큰 폭으로 감소했어요. 자신감이 붙은 미국 정부는 21세기가 되면 결핵이 사라질 거라고 호언장담을 했어요.

그러나 20세기 후반, 결핵은 보란 듯이 부활했어요. 매년 180만 명 이상이 결핵으로 다시 사망하고 있고, 세계 인구 3명 중 한 명이 결핵균인 코흐 간균에 감염된 상태예요. 결핵과 함께 쇠퇴했다고 믿었던 콜레라와 말라리아도 다시 고개를 들고 있어요.

WHO는 그 이유로 '지구온난화'를 지목했어요.

석탄과 석유 등의 화석연료 사용으로 지구 평균기온이 상승하면서 병원체들의 번식이 활발해졌다는 거예요.

"인류가 결핵이나 말라리아를 이겼다고 생각한 건 우리들의 착각이었다. 그것들은 잠시 억눌려 지냈을 뿐이다."

지옥의 사육장

"아아, 여기도 쉴 곳이 없네."

"오늘은 그만 비행하자. 형제들이 많이 지쳤어."

2009년 어느 추운 겨울, 남쪽으로 가던 철새 한 무리가 멕시코의 라 글로리아라는 작은 마을에 날개를 접고 내려앉았어요. 내일도 먼 길을 가려면 푹 쉬고 잘 먹어야 하는데, 요즘은 먹이도 풍부하고 마음 편히 쉴 곳이 많지 않아요. 인간들이 늪과 호수를 메워버렸거든요.

철새들이 떠나고 얼마 후, 이 마을에는 괴상한 독감이 발생했어요. 바이러스 분석을 한 과학자들은 경악했어요. 돼지, 새, 사람 3종의 유전자가 뒤섞인, 이제까지 한 번도 본 적이 없는 변종 바이러스였기 때문이에요.

그날, 철새가 내려앉은 곳은 돼지 사육장 근처였어요. 철새의 배설물이 돼지 사육장으로 흘러갔고, 돼지가 그것을 먹자 철새의 몸에 있던 바이러스가 돼지 몸으로 들어왔어요. 돼지가 인간과 접촉하면서 돼지 몸속에 새, 돼지, 인간의 유전자가 뒤섞인 신종 바이러스가 만들

감기와 독감은 어떻게 다를까?

"독감? 그거 좀 독한 감기 아냐?"
감기와 독감은 전혀 다른 병이에요. 둘 다 바이러스 질환이지만 감기는 리노 바이러스, 아데노 바이러스 등이 원인이고, 독감은 인플루엔자 바이러스가 원인이에요. 독감은 예방접종이 있지만 감기는 없어요. 감기 바이러스는 종류가 200종이 넘는 데다 대부분 RNA 계열이어서 변종이 워낙 많아 백신이나 치료제를 만들기가 쉽지 않아요. 그나마 다행인 것은 잘 먹고 푹 쉬면 저절로 낫는다는 거예요. 그래서 감기는 예방접종을 할 필요까지는 없어.

어졌던 거예요. 2009년, 전 세계를 공포에 몰아넣은 두 번째 팬데믹, 신종플루였어요. 처음에는 돼지독감*이라고 불렀지만, 한국 돼지 농가들이 돼지 가격 떨어진다고 항의를 해서 한국에서만 '신종플루'라고 해요.

상상을 한번 해볼까요? 내가 어깨 넓이 만큼의 땅에 서 있어요. 앉지도, 눕지도 못해요. 밥도 서서 먹어야 하고, 똥오줌도 서서 해결해야 해요. 내 좌우 사람들도 마찬가지로 나와 똑같은 처지에서 똑같은 자세를 하고 있어요. 빛도 들어오지 않는 곳이라 죽은 다음에야 태양을 볼 수 있어요. 어때요? 이런 공간에서 지낸다면 견딜 수 있을까요? 하루하루가, 아니 일 분도 견디기 힘든 지옥일 거예요.

그런데 유감스럽게도 우리가 좋아하는 치킨과 계란, 삼겹살, 쇠고기는 그런 지옥에서 길러진 동물들로부터 얻어져요.

좁은 축사에 많은 가축들을 기르는 밀집 사육. 좁고 불결한 환경에

놓인 동물들은 엄청난 스트레스를 받아요.
스트레스를 받으면 면역력이 떨어져
병에 걸릴 확률이 높아져요. 돼지와
닭이 걸리는 구제역과 조류독감은
이런 사육 현장에서 흔히 발생하는
질병이에요. 밀집된 곳이라 한 마리만
병에 걸려도 삽시간에 사육장 전체로 감염이 확대돼요.

감염 경로를 추적하던 멕시코 보건당국이 드디어 감염원을 찾아냈
어요. 세계 최대의 미국 양돈기업 '스미스 필드'가 운영하는 돼지 축
사였어요.

에코데믹(Echodemic)

미국의 수의학자 마크 제롬 월터스는 21세기 전염병을 '에코데믹'이라 표현했어요. 환경을 뜻하는 에코(Echo)와 전염병을 일컫는 데믹(demic)의 합성어인데, 풀이하면 환경 전염병, 환경파괴로 신종 전염병이 발생했다는 뜻이에요. 환경을 파괴한 주범은 인간이에요. 우리들의 욕심과 무절제함 말이에요.

병원체들 중에서 가장 무서운 것은 바이러스예요. 지금껏 밝혀진 바이러스 종류는 약 1400종이지만, 이것도 빙산의 일각일 뿐이에요. 게다가 바이러스는 세균보다 늦게 발견되어서 역사가 짧아요. 얼마나 더 많은 바이러스들이 모습을 숨기고 있는지 짐작조차 할 수 없어요. 확실한 것은 바이러스는 세포를 떠나서 살 수 없기 때문에 살아 있는 세포를 가진 모든 생명체에 기생한다는 사실이에요.

환경파괴, 야생동물 학대와 포획, 그리고 박쥐까지 먹어치우는 중국 우한의 시민들처럼 무분별한 야생동물의 식용화가 계속된다면 앞으로도 팬데믹은 언제든 일어날 거예요.

우리 인간이 환경파괴를 멈추지 않는 한 질병은 끊임없이 생겨나 우리를 위협할 것이다. 답답한 마스크를 벗고 예전의 생활로 돌아가려면 지금 우리는 무엇을 해야 할까?

☀️ 태양에도 특허가 있나요?

3400년 전의 이집트 벽화에도 소아마비 환자가 표현될 정도로, 소아마비는 아주 오래된 전염병이에요. 미국에서는 1950년대까지 매년 3만5천 명 이상의 어린이가 이 병에 감염되었지만, 백신은커녕 마땅한 치료제도 없었어요.

1955년, 미국 연구원 조너선 소크는 포르말린을 이용한 소아마비 백신을 개발했어요. 소크는 이 백신에 자신의 이름을 넣어 '소크 백신'이라고 지었지요. 소식을 들은 유수의 제약회사들이 소크에게 거금을 줄 테니 백신의 특허권을 팔라고 제안했어요. 소크는 딱 잘라 거절했어요.

"이 백신에는 특허가 없습니다. 당신은 태양에도 특허가 있다고 생각합니까?"

소크는 이 백신을 단돈 100원에 팔았어요. 덕분에 가난한 국가의 어린이들도 돈 걱정 없이 예방접종을 받았어요.

2년 후, 소아마비 발병률은 90퍼센트 감소했고, 1979년에는 미국 정부가 공식적으로 소아마비가 종식되었다고 선언했어요. 실제로 소아마비가 완전히 사라진 것은 아니지만 오늘날 소아마비 발병 건수는 소크 백신이 개발되기 전의 1퍼센트 미만에 불과해요.